Die

Darstellung der Bauzeichnung.

Im Anschluß

an die vom Ministerium für öffentliche Arbeiten erlaſſene Anweiſung

zum praktiſchen Gebrauch für

Baubeamte, Architekten, Maurer- und Zimmermeiſter

ſowie als Lehrbuch für die

Hochbau- und Tiefbauabteilung der Baugewerkſchulen

von

G. Benkwitz,

Baumeiſter.

Zweite durchgeſehene und erweiterte Auflage.

Mit 4 lithographierten Tafeln in Farbendruck.

Berlin.

Verlag von Julius Springer.

1901.

ISBN 978-3-642-89532-6   ISBN 978-3-642-91388-4 (eBook)
DOI 10.1007/978-3-642-91388-4
Softcover reprint of the hardcover 2nd edition 1901

Inhaltsverzeichnis.

I. Abschnitt.   Seite

Die vom Ministerium für öffentliche Arbeiten erlassene
Anweisung.

Bestimmungen über die Zeichnungen   6

    1. Der Lageplan   6

    2. Die Bauzeichnung   6

    3. Größe und Verpackung der Zeichnungen   7

II. Abschnitt.

    A. Die Gebäudegrundrisse   8

    B. Die Schnittzeichnungen 12

    C. Die Gebäudeansichten 13

    D. Das Beschreiben der Zeichnungen 14

I. Abschnitt.

Die vom Ministerium für öffentliche Arbeiten erlassene Anweisung.

Die Anweisung bezieht sich auf die formelle Behandlung der Entwürfe zu fiskalischen Landbauten und deren Veranschlagung. Über das Veranschlagen von Hochbauten giebt das in gleichem Verlage erschienene Buch nähere Auskunft.*)

Die Anweisung gilt für sämtliche Neubauten, dagegen für Reparatur- bezüglich Um- und Erweiterungsbauten nur soweit, als die Verhältnisse es zulassen.

Bevor eingehend bearbeitete Entwürfe angefertigt werden, sollen für alle Bauten, deren Kosten mehr als 5000 Mk. betragen, Skizzen aufgestellt werden unter Beifügung eines Lageplanes sowie eines allgemein gehaltenen, aber alle wesentlichen Punkte klarstellenden Erläuterungs- berichtes. Beizufügen ist ferner ein Kostenüberschlag nach Quadrat- metern der zu bebauenden Fläche und nach Kubikmetern des Raum- inhaltes.

Die eine Bauanlage bildenden verschiedenen Baulichkeiten sind ge- trennt zu entwerfen und zu veranschlagen. Es sind also gesonderte Ent- würfe aufzustellen für das Hauptgebäude, das Nebengebäude, für Um- währungen, für Pflasterungen der Höfe, Gartenanlagen, Brunnen u. s. w.

Der für die Bauausführung bestimmte Entwurf besteht aus:

A. dem Lageplan und, wenn erforderlich, aus den Längs- und Querschnitten eines Bauplatzes verschiedener Höhenlagen sowie den Bau-

---

*) Das Veranschlagen von Hochbauten nach der vom Ministerium für öffentliche Arbeiten erlassenen Anweisung. Bearbeitet von G. Benkwitz, Baumeister. Mit einer lithographierten Tafel, einem Anschlagsbeispiel und Er- läuterungen. (Verlag von Julius Springer, Berlin.) 6. Auflage. Preis *M.* 2,40.

zeichnungen nebst den etwa erforderlichen Teilzeichnungen in größerem Maßstabe;

B. dem Erläuterungsbericht;

C. dem ausführlichen Anschlag mit Berechnung der Massen der verschiedenen Baustoffe und der Kosten.

Jede Ausarbeitung und Zeichnung ist mit Zeitangabe, Namen und Stand des Verfassers und auch desjenigen zu versehen, dem die Arbeiten zur Durchsicht vorgelegen haben.

Bestimmungen über die Zeichnungen.

1. Der Lageplan.

Der Lageplan soll dazu dienen, die Oberfläche der Baustelle und deren nächste Umgebung zu veranschaulichen. Sind demselben Höhenangaben durch Querschnittszeichnungen beizufügen, so sind in der Regel die Längen nach dem Maßstabe 1 : 500, die Höhen dagegen in zehnfachem Maßstabe der Längen aufzutragen. Eine derartige Auftragung ist aber nur dann erforderlich, wenn der Bauplatz bedeutende Unebenheiten aufweist. Für gewöhnlich genügt ein sogenanntes Nivellementsnetz oder nur die Angabe der wichtigsten Höhenzahlen im Lageplan, der außerdem die Angabe der Himmelsrichtung enthalten muß.

In den Querschnitten, falls diese überhaupt erforderlich werden, ist der Stand des Grundwassers sowie der bekannte niedrigste, mittlere und höchste Wasserstand benachbarter Gewässer zu vermerken.

2. Bauzeichnungen.

Die Bauzeichnungen sind in der Regel nach einem Maßstabe von 1 : 100 aufzutragen und sollen das auszuführende Bauwerk durch die Grundrisse aller Geschosse und der Fundamente, durch Ansichten, Durchschnitte, Balken- und Sparrenlagen vollständig zur Anschauung bringen. Soweit die Deutlichkeit nicht darunter leidet, können Balken- und Sparrenlagen in die betreffenden Grundrisse mit blassen Farben eingetragen, auch kann behufs Erleichterung der Arbeit zur Darstellung der Fundament-Grundrisse Pausleinwand benutzt werden.

Um eine Gleichmäßigkeit in der Benennung der einzelnen Geschosse herbeizuführen, wird festgesetzt, daß das unterste, teilweise in der Erde liegende Geschoß mit „Kellergeschoß" zu bezeichnen ist; darauf folgt das „Erdgeschoß", das „erste, zweite, dritte u. s. w. Stockwerk" und schließlich das „Dachgeschoß".

In die Zeichnungen sind die der Bauausführung zu Grunde zu legenden Maße nach erfolgter genauer Ausrechnung in Metern mit zwei Stellen hinter dem Komma, z. B. 3,75, die Mauerstärken jedoch in Centimetern, z. B. 38 oder 51 u. s. w. einzutragen.

Die Stärken der Bauhölzer sind in Centimetern in Form eines gemeinen Bruches zu schreiben, z. B. $\frac{20}{24}$ cm.

Die durchgeschnittenen Teile sind mit hellen, durchsichtigen, den Baustoff kennzeichnenden Farben unter Vermeidung von dunkelblauen und karminroten Tönen anzulegen.

In die Grundrisse ist die Zweckbestimmung jedes einzelnen Raumes und dessen Flächeninhalt deutlich einzuschreiben, ebenso der Umfang, wenn diese Größe bei Ermittlung der Massen wiederholt einzeln gebraucht wird. Bei Feststellung des Flächeninhalts werden durchgehende Vorlagen in Abzug gebracht, Nischen aber nicht hinzugezählt. Ebenso werden bei Berechnung des Umfangs nur durchgehende, aber nicht durch Bögen u. s. w. verbundene Vorlagen berücksichtigt.

Zur Benutzung im Kostenanschlage und in der Abrechnung erhält jeder Raum eine fortlaufende, mit Zinnober einzuschreibende Nummer, wobei mit dem Grundriß der untersten Fundamente anzufangen und bis zum Dachgeschoß, in jedem Grundriß aber von links nach rechts und von oben nach unten fortzuschreiten ist.

In den Grundrissen des Erdgeschosses sind die Linien, nach welchen die Durchschnitte gelegt sind, an ihren End- und Brechpunkten mit Buchstaben zu bezeichnen.

Teilzeichnungen zur Klarstellung einzelner Bauteile sind in größerem Maßstabe von 1 : 50, 1 : 20 und 1 : 10 zu wählen.

3. Größe und Verpackung der Zeichnungen.

Die Größe der Zeichnung soll in der Regel eine Länge von 65 cm und eine Breite von 50 cm nicht überschreiten. Kleinere Abmessungen der Zeichenbögen sind zu empfehlen und können durch Absonderung der Grundrißzeichnungen verschiedener Geschosse, der Durchschnitte und Ansichten auf einzelne Blätter erlangt werden.

Die Zeichnungen sind auf dauerhaftem und solchem Papier darzustellen, welches Beseitigung fehlerhafter Stellen durch das Messer oder den Gummi gestattet.

Gehören zu einer größeren Bauanlage verschiedene Gebäude, so ist jedes derselben auf gesonderten Blättern darzustellen.

Die Verpackung und Versendung der Zeichnungen soll nur in Mappen erfolgen, ein Aufrollen der Zeichnungen ist unstatthaft.

II. Abschnitt.

Die zeichnerische Darstellung.

Die vom Ministerium für öffentliche Arbeiten erlassene Anweisung ist sehr allgemein gehalten. Im Anschluß an diese Anweisung ist nachfolgend die Darstellungsweise erläutert, wie sie in der Jetztzeit an den baugewerblichen Anstalten und von hervorragenden Architekten zur Anwendung gebracht wird.

Tafel 1 stellt zunächst die allgemein gebräuchliche Form der Maßstäbe dar. Mit Bezug auf die letzteren ist stets das Verhältnis zur wirklichen Größe anzugeben. Der Maßstab 1 : 10 wird ausschließlich für Werkzeichnungen, bezw. Teilzeichnungen benutzt. (Die Bezeichnung „Detailzeichnung" ist veraltet und wird durch „Teilzeichnung" ersetzt). Für Maße, die weniger als 1 Meter betragen, ist die untere Zahlenreihe des geteilten Meters zu benutzen.

Die starken Striche ober- und unterhalb der Hauptlinie, wie dies bei dem Maßstabe 1 : 50 angegeben ist, können auch fortfallen.

A. Die Gebäudegrundrisse.

Für die Bauausführung ist der Grundriß der Fundamente erforderlich. Der oberste Absatz derselben ist mit schwarzen Linien auszuziehen, die übrigen Absätze sind mit Neutraltinte anzugeben.

Mauerstärken sowie die Überstände der Fundamentabsätze sind in Centimetern einzuschreiben, während die lichten Weiten zwischen den Mauerkörpern in Metern anzugeben sind, wie dies im Grundriß der Tafel 2 dargestellt worden ist.

Tafel 1 Fig. 1. Ziegelmauerwerk ist mit einer Mischung von Karmin und gebrannter Terra anzulegen. Gewölbe sind in der Form einzupunktieren, welche die Erkennung der Gewölbe ermöglicht. Thür- und Fensteröffnungen sind durchzuziehen, Gurtbögen und Nischen sind durch punktierte Linien anzugeben. Die Form der Bögen, falls diese sich nicht aus Ansichten oder Schnitten ergiebt, ist durch Umklappung im Grundriß punktiert anzugeben.

Es ist einzuzeichnen und anzulegen, wie sich die Mauern des folgenden Geschosses aufsetzen und zwar nur in den Hauptecken und Hauptknotenpunkten (A und B Fig. 1).

Einzuzeichnen ist ferner: das Ziehen oder Schleifen der Rauchröhren, (C Fig. 1) das Reinigen derselben (D Fig. 1) Liegt (wie bei D zwischen den Rauchröhren) ein Wrasen- oder Lüftungsrohr, so ist dies mit leichter chinesischer Tusche anzulegen.

In Fig. 1 rechts ist der Lichtkasten angelegt, weil der Schnitt unterhalb der Erdlinie gedacht ist. Im allgemeinen wird der Schnitt oberhalb der Erdlinie angenommen. Der Lichtkasten bleibt dann als Aufsicht ohne Farbe. Der Sockelvorsprung ist dann einzuzeichnen.

Es wird allgemein an dem Grundsatz festgehalten:

Angelegt mit den entsprechenden, den Baustoff bezeichnenden Farben werden nur diejenigen Bauteile, welche **durchschnitten** sind. An- und Aufsichten bleiben ohne Farbe.

Das Anlegen der verschiedenen Baustoffe soll wie folgt stattfinden:

1. Ziegelmauerwerk, wie bereits angegeben, mit Karmin und gebrannter Terra. Bei Werkzeichnungen kann statt des vollen Anlegens ein Umrändern eintreten, wie dies auf Tafel 4 Fig. 14 dargestellt worden ist. Bei Werkzeichnungen in $1/2$ oder in wirklicher Größe ist das Umrändern allgemein eingeführt. Die Farben sind dann kräftiger zu wählen.

2. Mauerwerk aus natürlichen Steinen: Leichte chinesische Tusche mit geringem Zusatz von Indigo.

3. Bei Aus- und Umbauten wird altes Mauerwerk mit leichter chinesischer Tusche, neues Mauerwerk mit der unter 1 und 2 angegebenen Farben angelegt.

4. Sandstein: Gebrannte Terra und etwas Indigo.

5. Granit: Leichte chinesische Tusche und etwas Indigo.

Bei natürlichen Steinen ist außerdem jedesmal die Steinart hinzuzufügen, also z. B. Kalkstein, Sandstein, Granit u. s. w.

6. Bauteile aus Cementguß oder Stampfcement: Sepia col. und etwas Indigo mit Hinzufügung der Bezeichnung.

7. Bauteile aus Kunstsandstein: Sepia nat. und gebr. Terra mit Hinzufügung der Bezeichnung.

8. Thonfliesen: Karmin und gebr. Terra.

9. Dachzungen (Biberschwänze) Dachpfannen, Falzziegel aus gebranntem Thon: Karmin und gebrannte Terra, etwas dunkler als für Ziegelmauerwerk.

10. Hirnholz: Gebrannte Terra. Hirnholz in der Ansicht bleibt ohne Farbe. In Werkzeichnungen sind die Flächen zu umrändern.

11. Langholz: Leichte gebrannte Terra mit etwas ungebrannter Terra. Namentlich in den Werkzeichnungen für Tischler ist Langholz und Hirnholz klar erkennbar zu machen.

12. Sandausfüllung (Hinterfüllung des Mauerwerks, Ausfüllung einzelner Räume, Ausfüllung der Zwischendecken, Ausfüllung zwischen Lagerhölzern mit Sand) leichte Sepia col.

13. **Lehmausfüllung für Zwischendecken:** Leichte Sepia col. mit der Bezeichnung „Lehmausfüllung".

14. **Koksaschenausfüllung:** Leichte chinesische Tusche mit der Bezeichnung „Koksasche".

15. **Gewachsener Boden:** Kräftige Sepia nat. in einfachem Pinselstrich (Tafel 2, Fig. 4 — Tafel 3 — Tafel 4, Fig. 13).

16. **Schieferplatten in halber oder natürliche Größe:** Chinesische Tusche und Indigo (leicht anzulegen). In kleineren Maßstäben als kräftiger schwarzer Strich. Zwischen den Schieferplatten der Dacheindeckungen kleiner Zwischenraum. Die Art der Nagelung ist durch feinen Strich (Schiefernagel) stets anzugeben.

17. **Dachpappe und Asphalt, Asphaltfilz für Isolierungen.** Starker schwarzer Strich mit Beifügung der Bezeichnung: Dachpappe, Asphalt, (doppellagige Dachpappe u. s. w.)

18. **Schmiedeeisen:** Preußisch blau, nicht zu dunkel angelegt. Schnitte in Linien mit preußischem Blau ausgezogen.

19. **Gußeisen:** Indigo oder Neutraltinte.

Abweichend von dem Grundsatz, nur durchschnittene Bauteile anzulegen, sind mit charakteristischen Farben zu versehen:

20. **Wrasen- und Ventilationsröhren:** leichte chinesische Tusche.

21. **Oberlichte und Glasflächen überhaupt:** leichtes preußisches Blau.

Mit entsprechenden Farben auszuziehen sind:

22. **Eiserne Träger:** in der Aufsicht mit einem Strich von preußischem Blau.

23. **Gußeiserne Säulen und Stützen im Schnitt:** Indigo.

24. **Wellbleche** sind durch Umrahmung der ganzen Wellblechfläche einschließlich des Auflagers mit blauen Linien und durch Einzeichnen des Querschnitts anzugeben (Tafel 1 Fig. 1)

25. **Dachrinnen** sind mit Kobaltblau oder mit preußischem Blau auszuziehen. Rinneisen bleiben ohne Farbe. Das Gefälle der Rinne ist anzugeben.

In die Grundrisse ist ferner einzuzeichnen:

26. **Das Aufschlagen der Thüren,** die Thürzargen bei Maßstäben 1:50 und darüber, die Pfeile für die Rauchröhren, durch welche anzugeben ist, in welches Rauchrohr die Rauchgase jedes einzelnen Ofens und Herdes einzuleiten sind. Die Öfen. Kachelöfen mit rechteckigem Querschnitte mit einer Diagonale, dreieckige Öfen in der auf Tafel 2 Figur 2 im Raum 17 dargestellten Form. Eiserne runde Öfen

oder solche mit rechteckigem Querschnitt durch Doppellinien (Tafel 2 Fig. 3, Raum 13) zwischen Öfen und Wänden ist ein etwa 5 cm weiter Hohlraum zu belassen. Kochherde werden dicht an die Wand oder die sie begrenzenden Wände sich anlehnend, gezeichnet und durch sich kreuzende Doppellinien gekennzeichnet. Eiserne Kochherde sind in gleicher Weise, aber durch blaue Linien einzuzeichnen.

Für Centralheizungen sind besondere Grundrisse und Schnitte anzufertigen, welche das ganze Röhrensystem und die Lage der Heizkörper klarlegen.

Treppenläufe sind mit Pfeilen zu versehen, welche die Richtung der Läufe angeben. Bei Freitreppen fallen diese Pfeile fort.

Steinerne Treppen werden ohne Wangen, hölzerne mit den an den Wänden liegenden Wangen mit Schwarz eingezeichnet. Eiserne Treppen sind mit blauen Linien auszuziehen.

Bei Steintreppen ist die Art der etwaigen Unterwölbung der Läufe oder Podeste durch punktierte Linien anzugeben. Bei Holztreppen ist die Konstruktion der Podeste durch schwarzpunktierte Linien einzuzeichnen.

Tafel 2, Fig. 4 giebt an, wie die wagerechten Schnitte durch die Treppen zu denken sind. Die Schnittlinien sind durch rote Striche (Zinnober) angegeben. Im Erdgeschoß sind zu zeichnen: Der erste Treppenlauf und die nach dem Hofausgang führenden Stufen. Im ersten Stockwerk: der zweite Treppenlauf und der erste, nach dem zweiten Stockwerk führende Lauf u. s. w. Im Kellergeschoß ist die Kellertreppe einzuzeichnen. Die nach dem Hofausgang führenden Stufen sind einzupunktieren. (Fig. 5) Die sich auf das Kellergeschoß beziehende Schnittlinie in Fig. 4 durchschneidet das Freitreppenfundament und den Lichtkasten. Ist ein solcher nicht vorhanden, so ist der Schnitt (Fig. 6) oberhalb der Erde anzunehmen, durchschneidet aber die Fundamente der Freitreppe. Im Dachgeschoßgrundriß ist im Treppenhause anzugeben, welche Konstruktion mit Bezug auf Feuersicherheit gewählt ist, also z. B. schwarz einpunktierte Gewölbelinien und blaue Linien (eiserne Träger).

Die Möbel. Es sind nur die Hauptmöbel (Bettstellen, Schränke, Tische, Sopha, Eßtische mit Beifügung der Stühle durch feine Linien anzugeben. Ferner: Badewanne und Badeofen, Flügel oder Klaviere. (Tafel 2, Fig. 3).

Hinsichtlich des Einzeichnens der Thüröffnungen ist zu bemerken, daß die Öffnung stets so groß anzugeben ist, wie sie vom Maurer anzulegen ist, nicht nach den vom Tischler zu fertigenden Thürenflügeln.

Mit Bezug auf das Einzeichnen der Balkenlagen ist folgendes zu bemerken:

Es werden stets die Balkenlagen gezeichnet, die auf das betreffende Stockwerk zu legen sind, also im Grundriß des Erdgeschosses die Balken, welche auf dieses Geschoß gelegt werden sollen.

Für Baupolizeizeichnungen genügt die Einzeichnung jedes Balkens durch einen Strich mit gebrannter Terra. Für die Bauausführung ist nach Tafel 4 Fig. 15 zu verfahren. Die Balkenanlagen sind mit Ocker einzuzeichnen. Bei mehrstöckigen Gebäuden mit gleichartig angeordneten Geschossen ist nur die Angabe einer Zwischenbalkenlage erforderlich. Die Dachbalkenlage, weil im engen Zusammenhange mit dem Dachverband stehend, ist in jedem Falle zu zeichnen. Stuhlsäulen, bezw. Kniewandstiele sind anzugeben und mit gebrannter Terra anzulegen. Streben sind durch Zapfenlöcher anzugeben. Pfetten und Rähme des Dachverbandes werden durch punktierte Linien in gebrannter Terra gezeichnet. Firstlinien, Grate, Kehlen, auch bei überstehenden Dächern die Dachüberstände sind mit strich-punktierten blauen Linien einzuzeichnen, sodaß hierdurch zugleich auch die Dachausmittelung klargelegt wird.

In den Balkenlagen sind auch die Balken- und Zuganker (Tafel 4 Fig. 15) einzuzeichnen.

B. Die Schnittzeichnungen.

Für die Schnittzeichnungen ist im allgemeinen der Maßstab 1 : 100 nicht ausreichend. Für die der Bauausführung zu Grunde zu legenden Zeichnung ist, abgesehen von Teilzeichnungen, mit Bezug auf die Schnitte der Maßstab 1 : 50 anzunehmen.

Tafel 3 zeigt verschiedene Schnitte. Fig. 8 Schnitt durch einen nicht unterkellerten Gebäudeteil. Die Linie der Erdoberfläche (Erdlinie) ist im Gebäude-Innern durchzupunktieren. Das Abheben des Mutterbodens ist anzugeben. Fig. 9 zeigt einen Schnitt durch eine Kelleraußenwand mit Luftschicht, welche 3 bis 4 Schichten unter den Gewölbewiderlager geschlossen werden muß. Im Anschluß hieran zeigt Fig. 10 das Aufhören der Luftschicht bei Pfeilervorlagen. Die Figuren 11a und 11b weisen darauf hin, wie Auskragungen im Grundriß und Schnittzeichnung anzugeben sind. Fig. 12 stellt einen Schnitt durch einen auf Tafel 1 gezeichneten Kellergrundriß dar.

Tafel 4 Fig. 13. Schnitt im Maßstabe 1 : 50. Fig. 14 Schnitt 1 : 10. Dieser Schnitt bildet einen Teil der Werkzeichnung. Größere Flächen, wie die Schnitte durch Mauerkörper, können im Maßstabe von 1 : 10 mit der für den Baustoff zu wählenden Farbe umrändert werden. In den Werkzeichnungen ist der Mauerverband anzugeben, desgleichen die

Putzlinien. Bei geputzten Wandflächen ist die Linie der Mauer zu punktieren. Mauerbögen sind so zu umrändern, wie der Maurer sie ausführen soll, also im Zusammenhange, wenn, wie bei Fenstern mit Anschlag, der gesamte Bogen im Zusammenhange gemauert wird, oder einzeln umrändert, wenn Bögen für sich bestehend gemauert werden sollen (Fensterbögen mit $1/4$ Stein-Anschlag, Rollbögen). Eine zweite Bogenschicht ist stets einzupunktieren.

Im Maßstabe 1:10 sind die Fugen durch Doppellinien darzustellen, in kleinerem Maßstabe durch eine Linie. Im ersten Falle sind die Lagerfugen durchzuzeichnen, nicht abzusetzen.

Alle Schnitte sind durch die Mitte der Öffnungen und Wandnischen gedacht, selbst wenn auch die Schnittlinien die Mitte derselben nicht durchschneiden.

Im Maßstabe 1:10 sind mit Bezug auf die Zimmerarbeiten alle Einzelverbindungen, auch die Balkenköpfe einzupunktieren. Kopfbänder sind nicht in ihrer Projektion, sondern durch Zapfenlöcher anzugeben, um klarzustellen, ob die Kopfbänder mit oder ohne Versatz anzuordnen sind. Laufen Schnitte in der Richtung der Dachfirst, so ist die Art der Sparrenverbindung anzugeben, das Hirnholz aber nicht anzulegen. Der Längenschnitt durch ein Dach ist stets durch die Firstlinie gedacht, selbst wenn die Schnittlinie seitlich derselben eingezeichnet ist.

C. Die Gebäudeansichten.

Handelt es sich um perspektivische Darstellungen, also um die Anfertigung eines Bildes, so ist die Ausführung entweder eine vielfarbige oder eine in einem neutralen Ton gehaltene. In solchem Falle ist auch die Staffage (Bäume u. s. w.) und Himmel mit entsprechenden Wolkenbildungen am Platze. Für die Bauausführung haben solche Bilder naturgemäß keine Bedeutung.

Die Ansichten der Bauzeichnung werden entweder schraffiert oder mit einem leichten Ton für die zurückliegende Fläche (z. B. Fenster) angelegt. Auch die Dachflächen werden durch aufeinander gelegte Töne abgetönt, nicht etwa verwaschen. Geeignet für Gebäudeansichten ist die Sepia col. oder Sepia nat. Für alle Töne, auch für die Schlagschatten, ist dieselbe Farbe in den erforderlichen Abstufungen zu wählen. Das Anlegen der Fenster und der Dachflächen mit anderen Farben ist zu verwerfen.

Für Ziegelbauten, die in den Fenster- und Thürumrahmungen, in den Gesimsen und Steinmusterungen Steine mit verschiedenen Farben aufweisen sollen, ist das Anlegen der Gebäudeansichten mit solchen leichten Farben notwendig, die den zu wählenden Steinfarben entsprechen (z. B. Ocker für die gelben Steine, leichtes indisches Rot für die roten Steine).

Ein derartiges Anlegen mit Farben hat aber nur Wert für die der Ausführung zu Grunde zu legenden Zeichnung. Nach derselben muß der Maurer unzweifelhaft arbeiten können. Sie muß also den Steinverband in allen Teilen zeigen. Als Maßstab eignet sich hierzu: 5 cm = 1 m.

Bei teilweiser oder ganzer Verblendung der Ansichten mit Werksteinen sind mit Karminlinien die einzelnen Werksteinblöcke anzugeben und zwar in der Größe und Form, die sie vor ihrer Verarbeitung haben müssen. Derartige Angaben sind für die Werkzeichnung unerläßlich.

D. Das Beschreiben der Bauzeichnung.

Dem Beschreiben der Bauzeichnung ist die größte Sorgfalt zuzuwenden. Namentlich sind alle Zahlen so klar und deutlich zu schreiben, daß jeder Zweifel ausgeschlossen ist. Für das Beschreiben ist jetzt allgemein die Rundschrift eingeführt.

Die Art der Beschreibung zeigt Tafel 3 Fig. 3, auch Tafel 4 Fig. 14.

Im Grundriß erhält jeder Raum eine mit Zinnober einzuschreibende Raumnummer, wobei mit dem Grundriß des untersten Fundamentabsatzes anzufangen und bis zum Dachgeschoß, in jedem Grundriß aber von links nach rechts und von oben nach unten fortzuschreiten ist.*) Ferner ist anzugeben: Die Größe der Räume nach Quadratmetern und, wenn für den Bauanschlag erforderlich, der Umfang nach Metern.

Wandstärken sind in Centimetern anzugeben. Raummaße oder Außenmaße der Mauerkörper in Metern. Die Weite und Höhe der Thüröffnungen ist einzutragen.

Schnittlinien sind mit Zinnober einzutragen, an ihren Endpunkten mit schwarzem Kreuz und hier wie auch bei einer Brechung mit Buchstaben (Zinnober) zu versehen. Für die Buchstaben ist die alphabetische Reihenfolge festzuhalten. Der Schnitt ist so zu denken, daß der erste Buchstabe links steht. Die Schnittlinien sind in allen Grundrissen einzutragen und möglichst nicht zu versetzen.

Über das Einschreiben der Maße in den Schnitten giebt Tafel 4 Fig. 14 Auskunft. Holzstärken werden in Bruchform, die größte Abmessung unter dem Bruchstrich eingetragen. Alle Brettstärken sind nach Centimetern anzugeben, ebenso die Stärken der Bohlen, Dachlatten u. s. w.

Bei Dachrinnen, Blechabdeckungen u. s. w. ist die No. des Zinkblechs einzutragen. Die Stärke der Rinneisen ist nach Millimetern einzuschreiben.

Für den Ziegelrohbau, namentlich, wenn es sich um einen besseren Verblendbau handelt, müssen sämtliche Wandstücke, Pfeiler und Öffnungen

---

*) Näheres über den Zweck enthält: Das Veranschlagen von Hochbauten von G. Benkwitz. Sechste Auflage. Verlag von Julius Springer in Berlin, 1900.

durch halbe Steine teilbar sein. Eine kunstgerechte Bauausführung ist sonst nicht möglich.

Dem Einschreiben der Maße kann die nachfolgende Kopfmaßtabelle zu Grunde gelegt werden.

	0.	1.	2.	3.	4.	5.	6.	7.	8.	9.
		0,13	0,26	0,39	0,52	0,65	0,78	0,91	1,04	1,17
10	1,30	1,43	1,56	1,69	1,82	1,95	2,08	2,21	2,34	2,47
20	2,60	2,73	2,86	2,99	3,12	3,25	3,38	3,51	3,64	3,77
30	3,90	4,03	4,16	4,29	4,42	4,55	4,68	4,81	4,94	5,07
40	5,20	5,33	5,46	5,59	5,72	5,85	5,98	6,11	6,24	6,37
50	6,50	6,63	6,76	6,89	7,02	7,15	7,28	7,41	7,54	7,67
60	7,80	7,93	8,06	8,19	8,32	8,45	8,58	8,71	8,84	8,97
70	9,10	9,23	9,36	9,49	9,62	9,75	9,88	10,01	10,14	10,27
80	10,40	10,53	10,66	10,79	10,92	11,05	11,18	11,31	11,44	11,57
90	11,70	11,83	11,96	12,09	12,22	12,35	12,48	12,61	12,74	12,87
100	13,00	13,13	13,26	13,39	13,52	13,65	13,78	13,91	14,04	14,17
110	14,30	14,43	14,56	14,69	14,82	14,95	15,08	15,21	15,34	15,47
120	15,60	15,73	15,86	15,99	16,12	16,25	16,38	16,51	16,64	16,77
130	16,90	17,03	17,16	17,29	17,42	17,55	17,68	17,81	17,94	18,07
140	18,20	18,33	18,46	18,59	18,72	18,85	18,98	19,11	19,24	19,37
150	19,50	19,63	19,76	19,89	20,02	20,15	20,28	20,41	20,54	20,67
160	20,80	20,93	21,06	21,19	21,32	21,45	21,58	21,71	21,84	21,97
170	22,10	22,23	22,36	22,49	22,62	22,75	22,88	23,01	23,14	23,27
180	23,40	23,53	23,66	23,79	23,92	24,05	24,18	24,31	24,44	24,57
190	24,70	24,83	24,96	25,09	25,22	25,35	25,48	25,61	25,74	25,87
200	26,00	26,13	26,26	26,39	26,52	26,65	26,78	26,91	27,04	27,17

Es ist bei Benutzung derselben vorausgesetzt, daß die Steine das sogenannte Normalformat haben, daß sie also 25 cm lang, 12 cm breit und 6,5 cm dick sind. Für die Lagerfugen ist 1,2 cm, für die Stoßfugen 1 cm zu rechnen. Es ist ferner zu beachten, daß für Öffnungen das Maß der Tabelle um 1 cm zu vergrößern, für Wanddicken und freistehende Pfeiler und Pfeilervorlagen um 1 cm zu verringern ist.

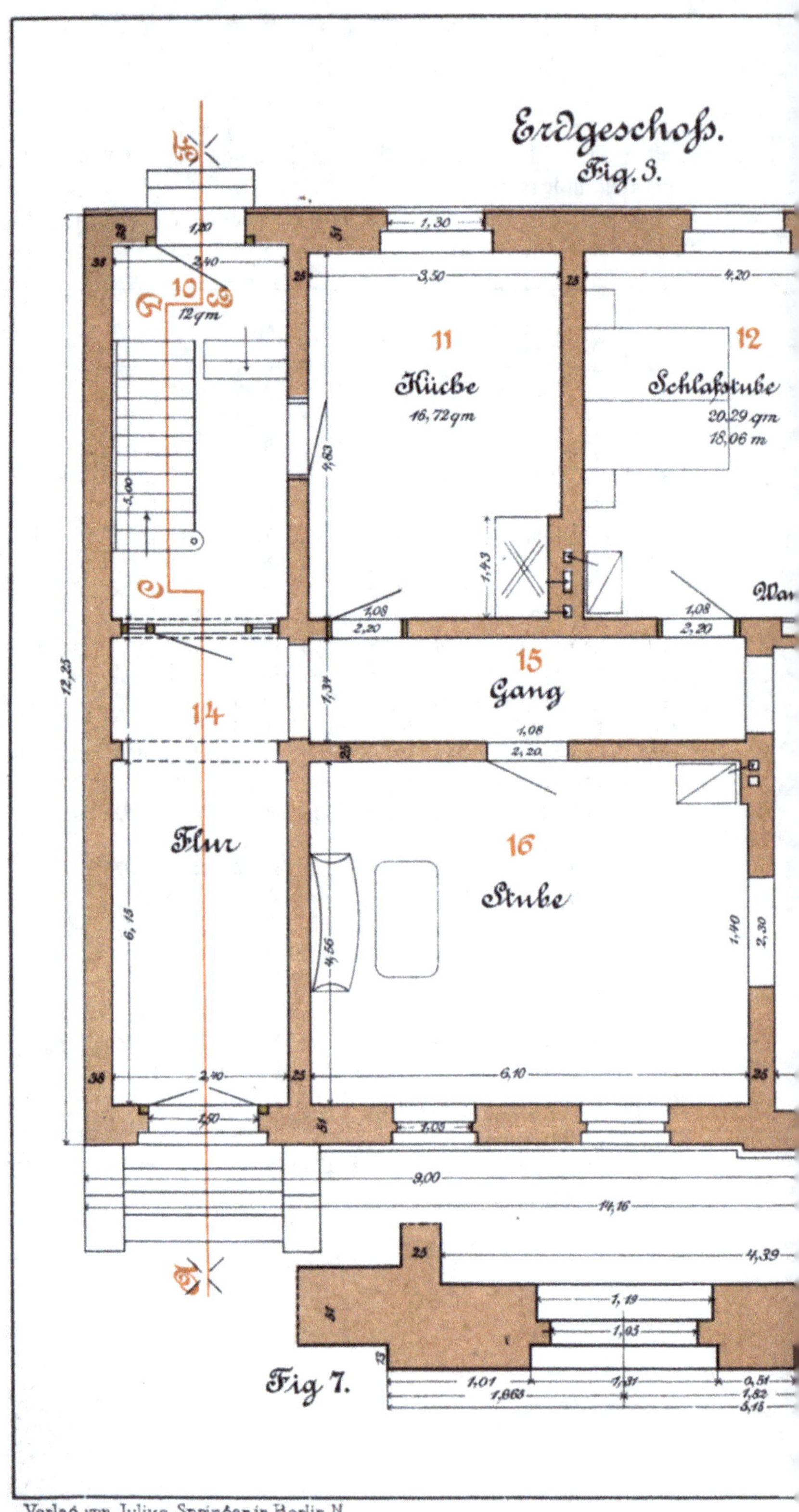

Erdgeschoß.
Fig. 3.
10
12 qm
11
Küche
16,72 qm
12
Schlafstube
20,29 qm
18,06 m
15
Gang
14
Flur
16
Stube
Wan
Fig 7.

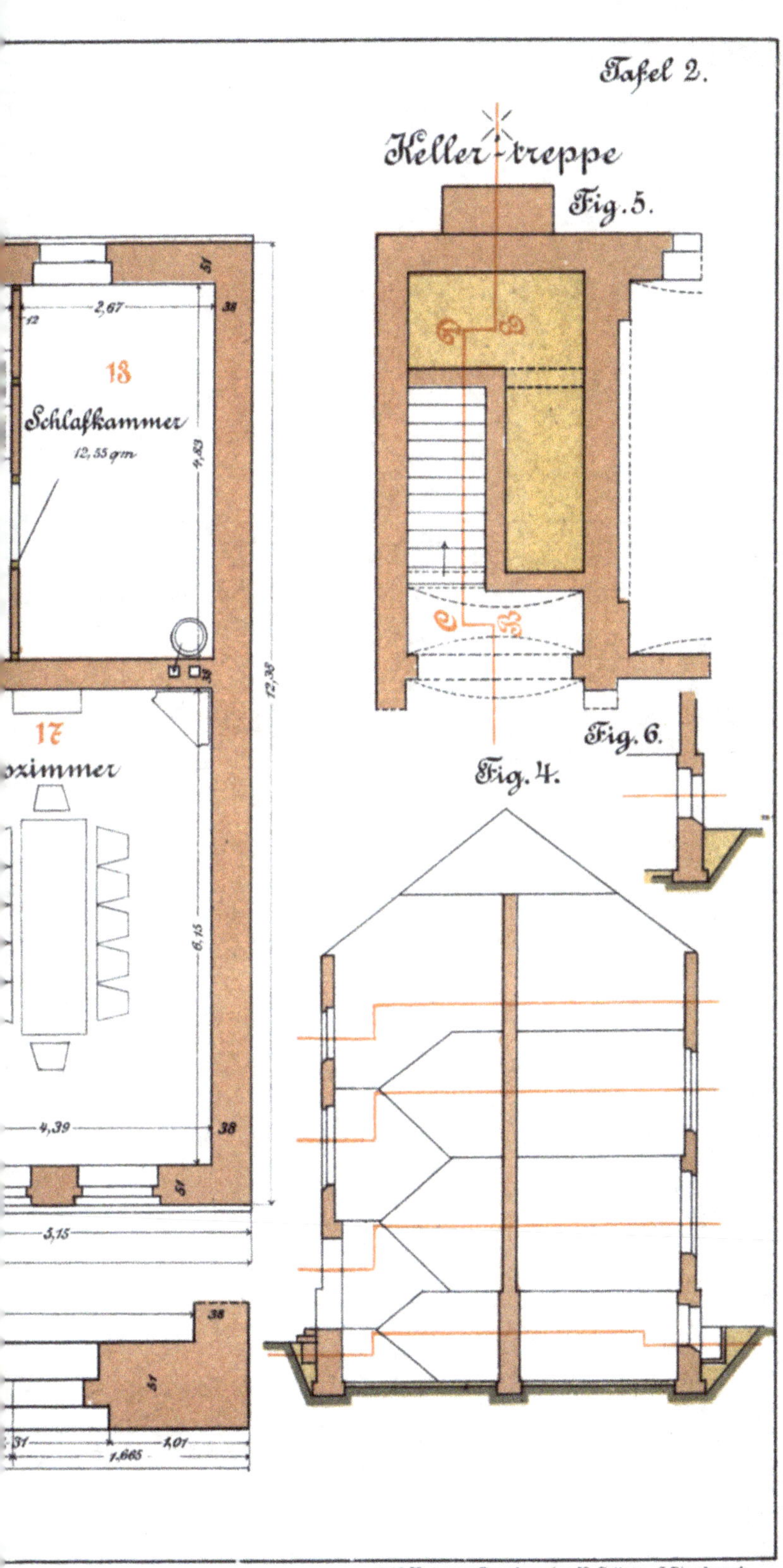

Tafel 2.
Keller-treppe
Fig. 5.
13
Schlafkammer
12,55 qm
17
zimmer
Fig. 6.
Fig. 4.
Kgl. Univers. Druckerei v. H. Stürtz, Würzburg.

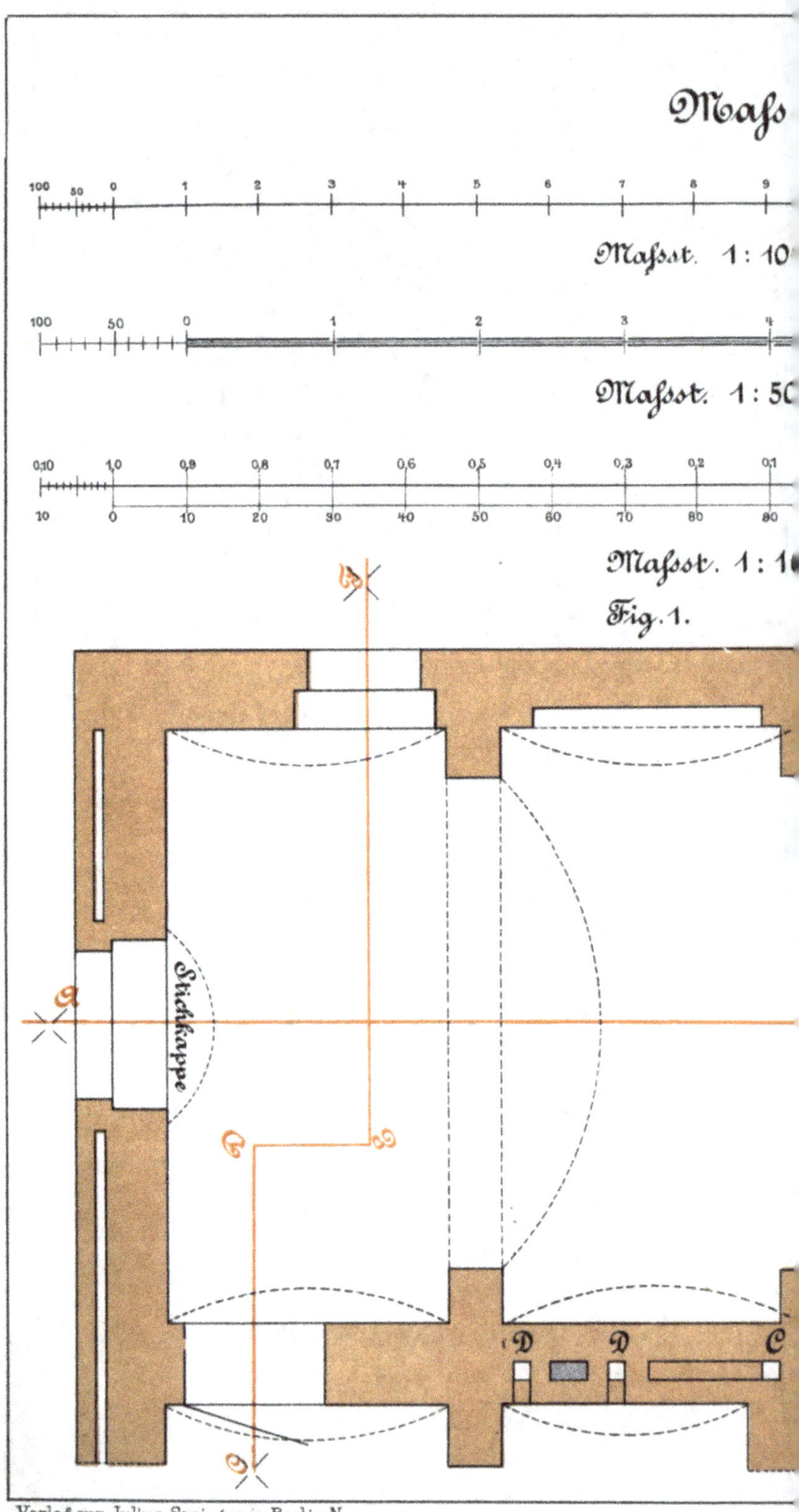
Maßst. 1:10
Maßst. 1:50
Maßst. 1:1
Fig.1.
Stichkappe

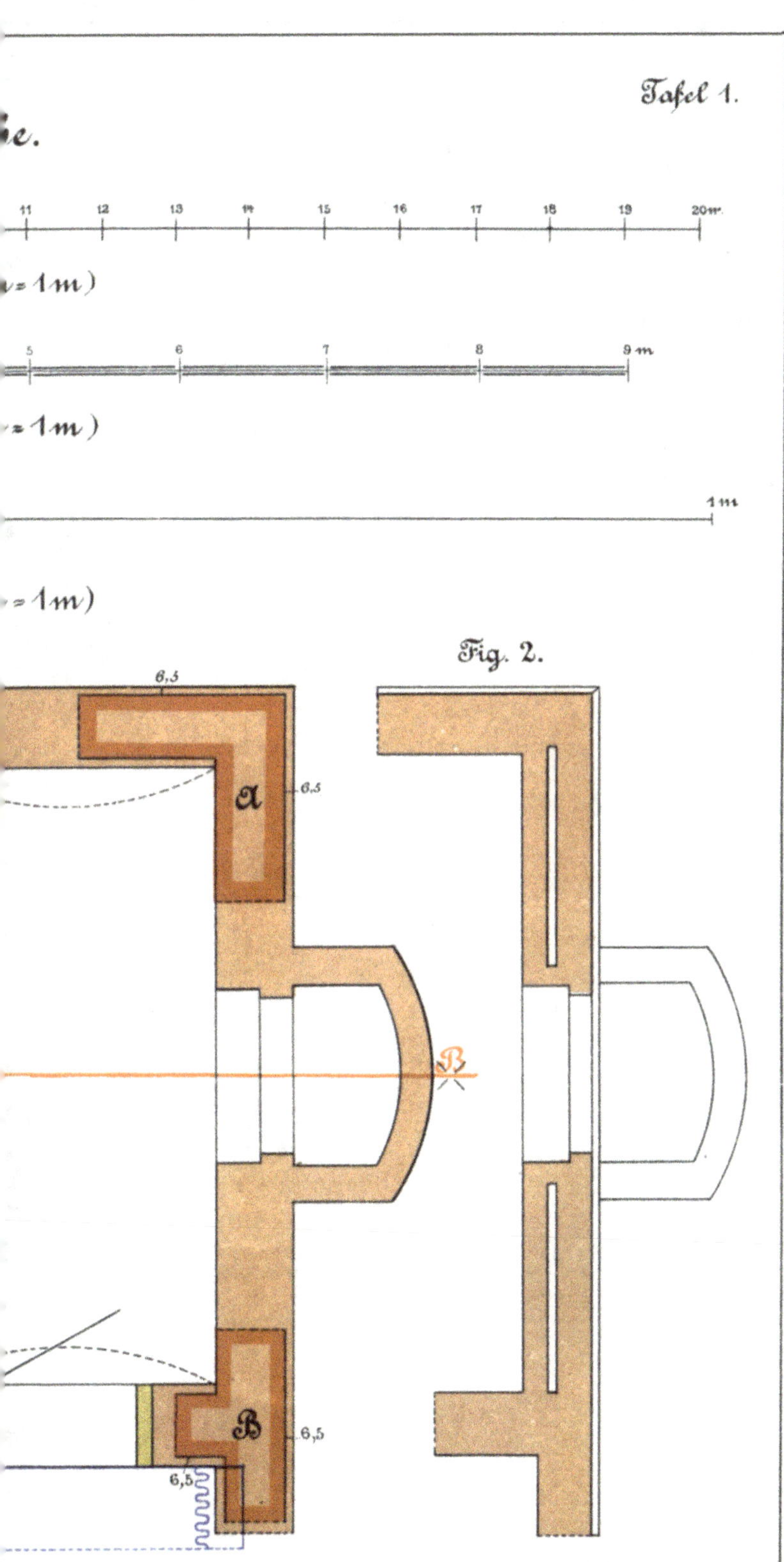
Fig. 2.
6,5
6,5
a
6,5
B
6,5
6,5

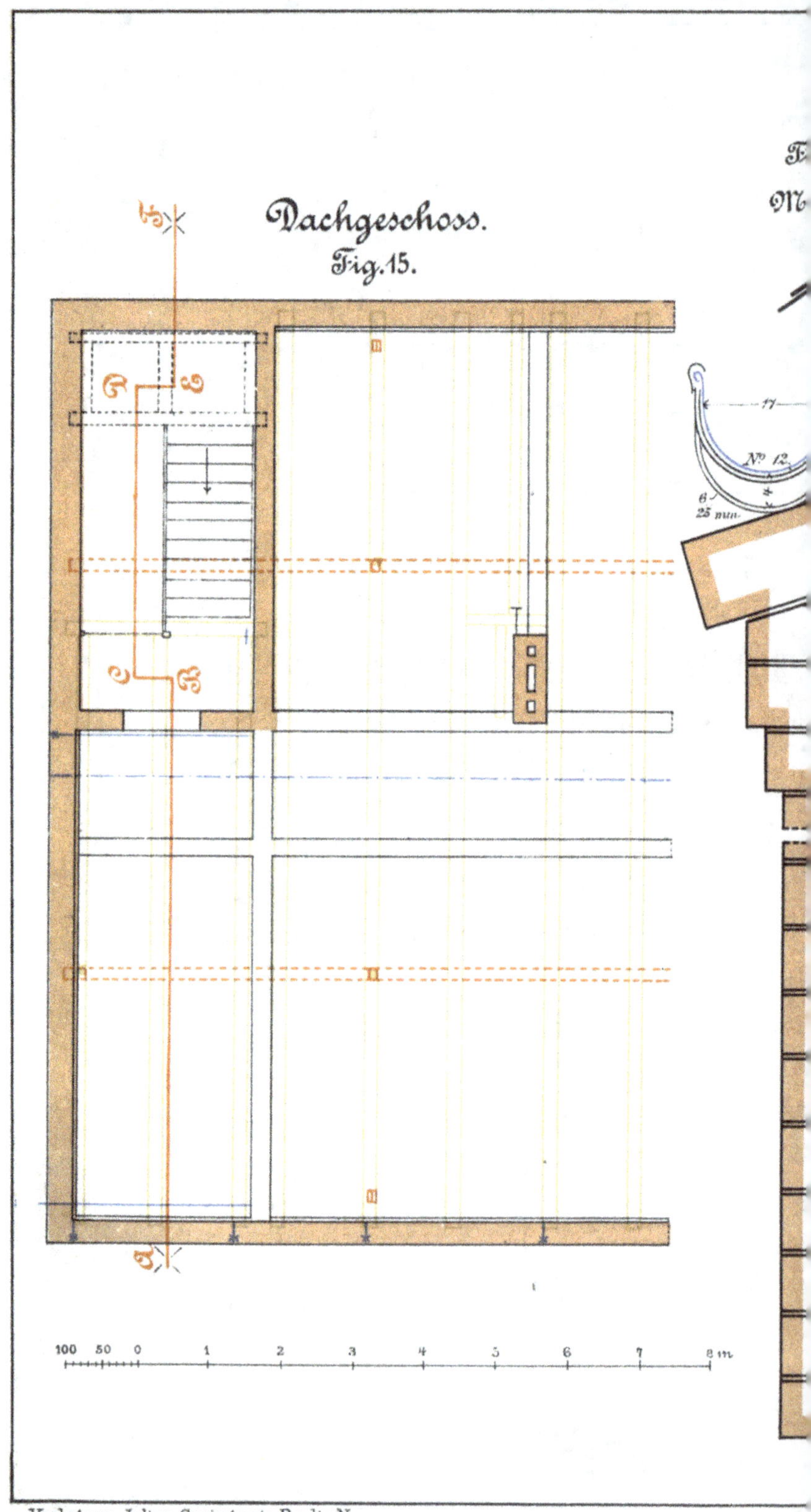
Dachgeschoss.
Fig. 15.
No 12.
25 mm.
100 50 0 1 2 3 4 5 6 7 8 m
Verlag von Julius Springer in Berlin N.

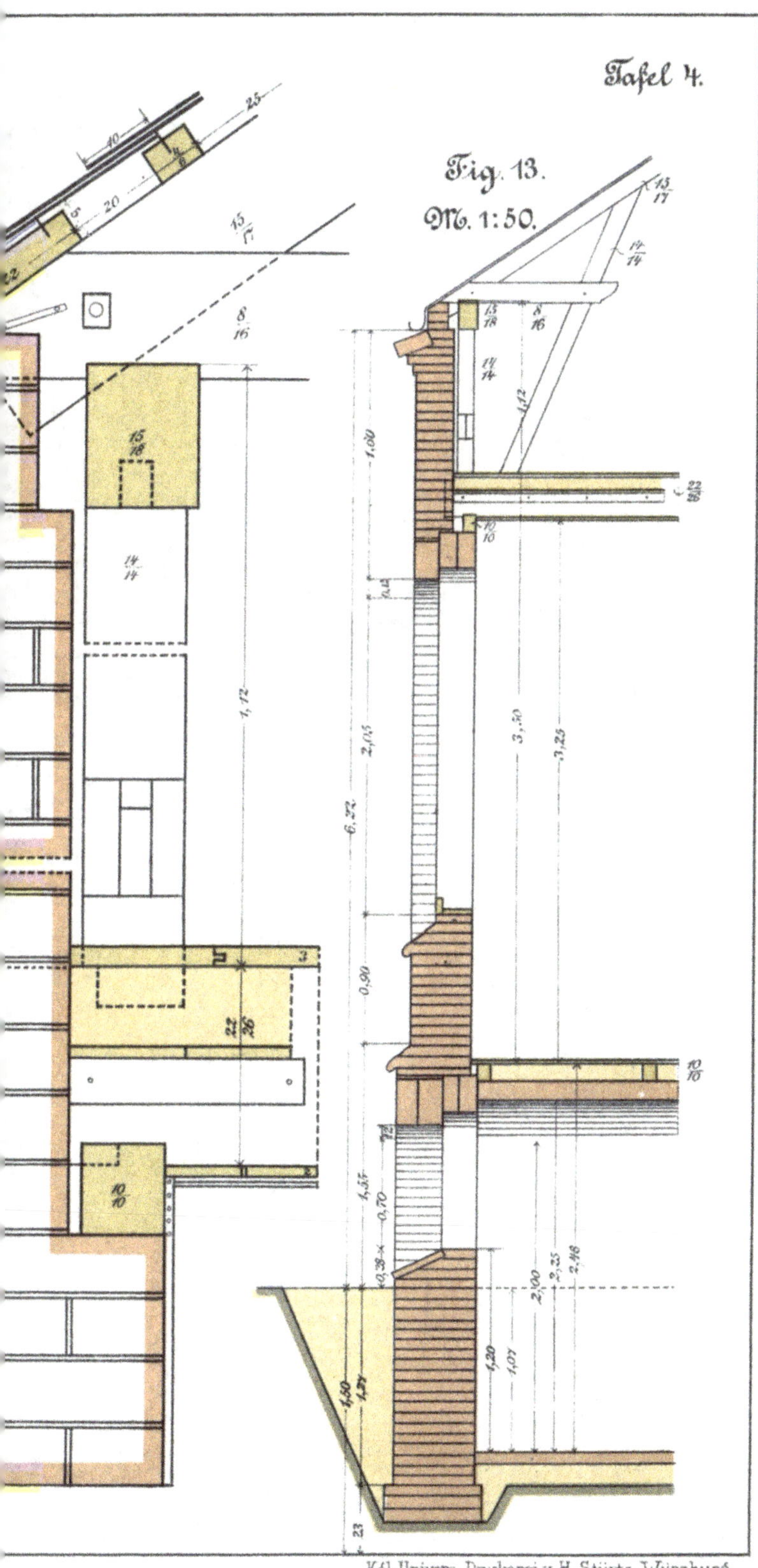

Tafel 4.
Fig. 13.
M. 1:50.
Kgl. Univers. Druckerei v. H. Stürtz, Würzburg.

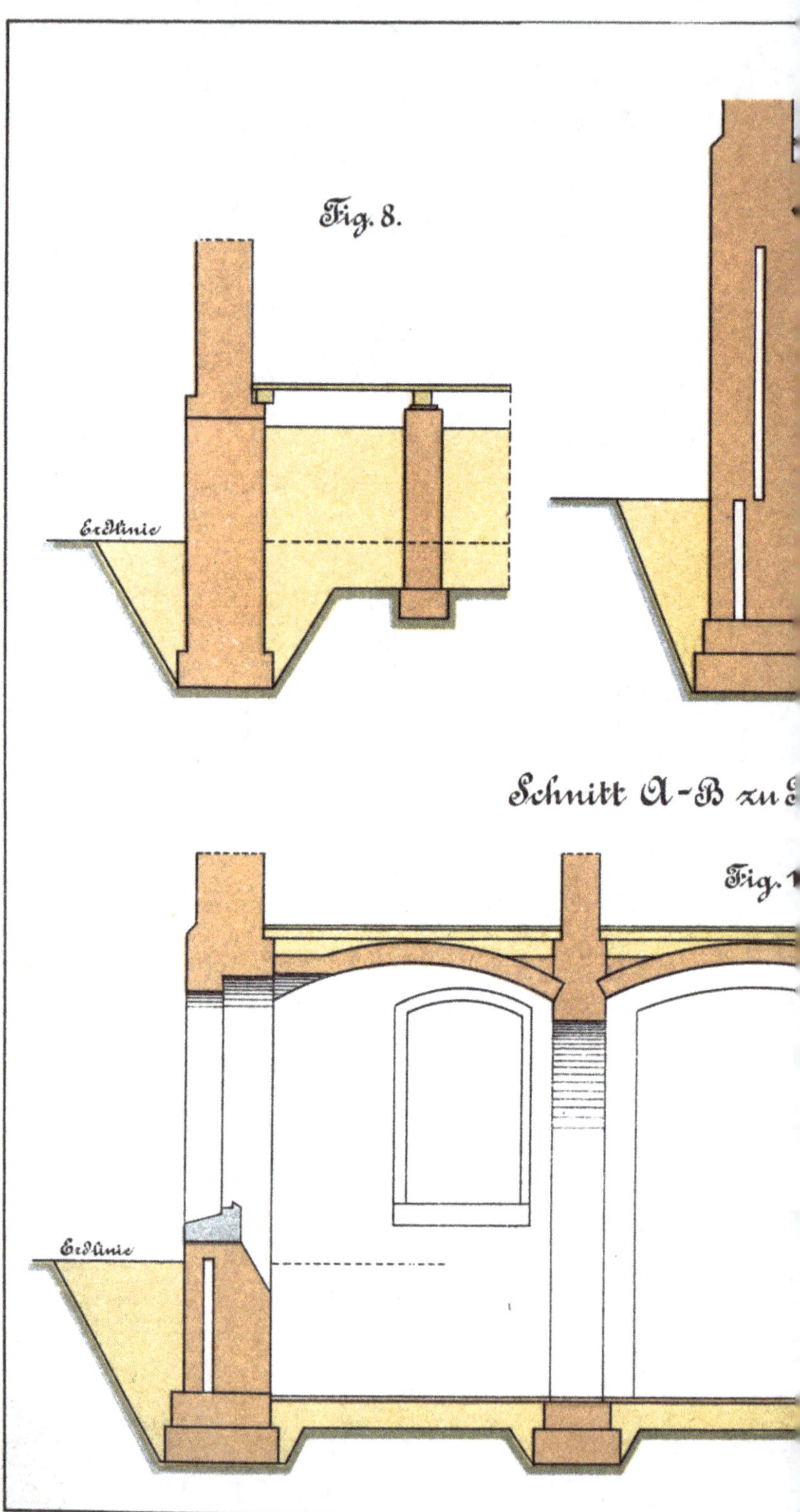

Verlag von Julius Springer in Berlin N.

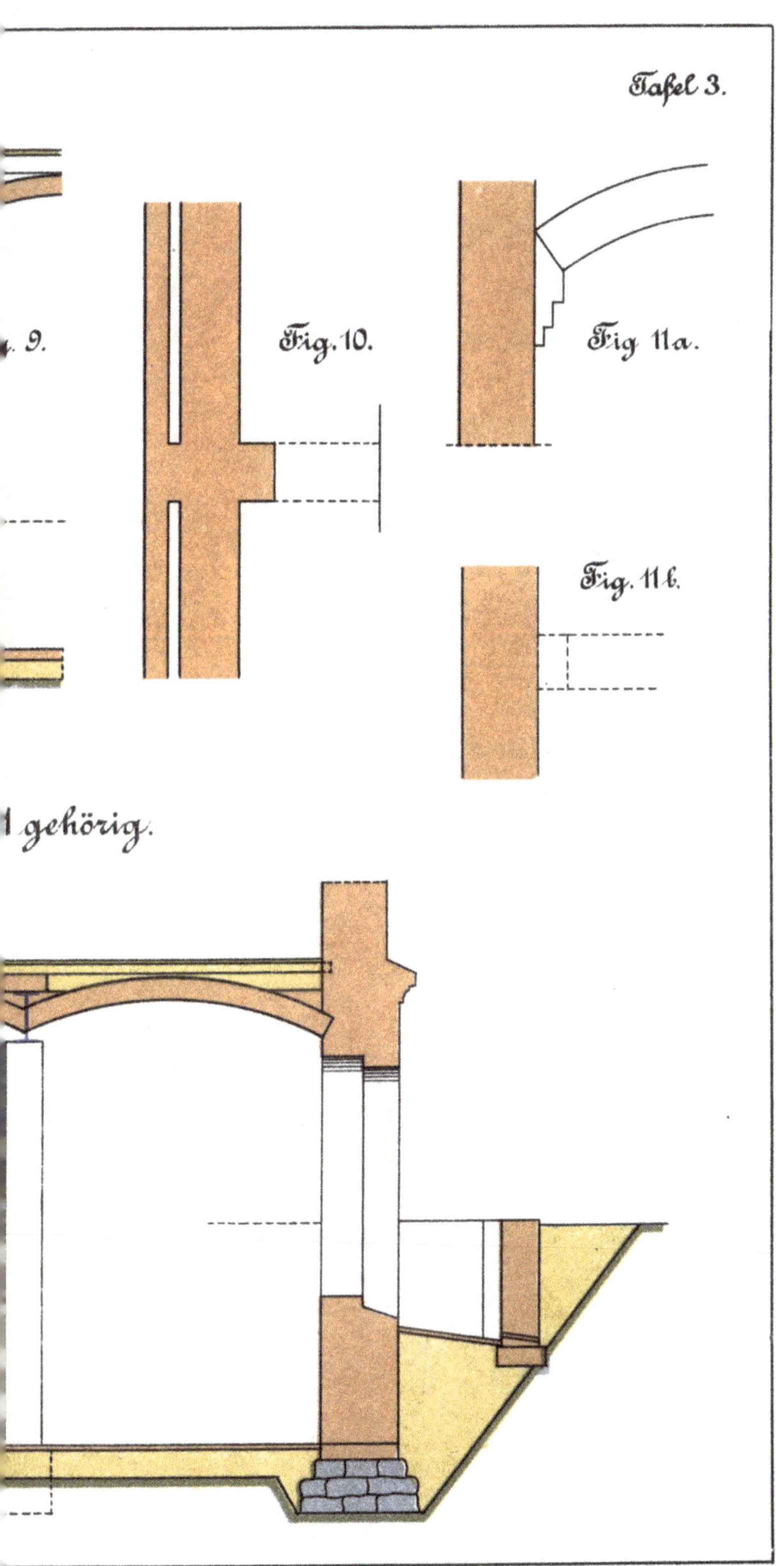

Kgl. Univers.-Druckerei von H. Stürtz, Würzburg.

GPSR Compliance

The European Union's (EU) General Product Safety Regulation (GPSR) is a set of rules that requires consumer products to be safe and our obligations to ensure this.

If you have any concerns about our products, you can contact us on

ProductSafety@springernature.com

In case Publisher is established outside the EU, the EU authorized representative is:

Springer Nature Customer Service Center GmbH
Europaplatz 3
69115 Heidelberg, Germany